Guide technique et économique d'un élevage de poulets de chair

DOCTEUR AMADOU OUSMANE TRAORE

Vétérinaire, lauréat de la faculté de Paris-Créteil
et de Maisons-Alfort (1995)

Guide technique et économique d'un élevage de poulets de chair

L'HARMATTAN

5-7, rue de l'École-Polytechnique ; 75005 Paris

http://www.librairieharmattan.com
diffusion.harmattan@wanadoo.fr
harmattan1@wanadoo.fr

ISBN : 978-2-296-13053-1
EAN : 9782296130531

Préface

Le présent livre, véritable guide d'élevage du poulet de chair, élaboré par notre confrère, est un ouvrage d'une longue série qu'il a entamé depuis plus de dix ans.
Nous avons le plaisir et l'honneur de préfacer, une concrétisation d'un souci permanent du **Docteur Amadou Ousmane Traoré** de combler un vide en matériel didactique des agents techniques d'élevage, des éleveurs et des décideurs de notre pays.
Lauréat de l'École Nationale Vétérinaire de Maisons-Alfort et de la Faculté de Médecine de Paris XII, l'auteur met en exergue les aspects les plus importants de l'aviculture moderne dans les conditions réelles du terrain.
Chercheur, Enseignant et surtout fin praticien, cet ouvrage a bénéficié de sa riche expérience sur le suivi, le conseil et surtout l'audit des exploitations pastorales.
Écrit dans un langage simple, adapté à nos conditions d'élevage et bien illustré, ce guide très pratique a été élaboré pour appuyer les aviculteurs, les vétérinaires, les Techniciens d'élevage dans la maîtrise :

- des normes du bâtiment avicole
- du choix des sujets à élever
- de l'alimentation qualitative et quantitative
- du programme sanitaire
- de la conduite d'élevage
- de la commercialisation

Nous félicitons l'auteur pour cette contribution qui vient à son heure et l'encourageons à continuer d'apporter sa contribution aux efforts de notre pays dans la formation des acteurs du monde rural.

Dr Mohamadoun BATHILY

Avant - propos

Tous les pays en voie de développement doivent faire de gros efforts pour apporter à la population, sans cesse grandissante, des protéines animales de bonne qualité et en quantité suffisante. Les normes de la FAO donnent une consommation moyenne de 100g de viande par personne et par jour. Dans les pays développés, la consommation en viande dépasse les 200g de viande par personne et par jour (en France par exemple, elle atteint les 260g/personne/jour), elle atteint à peine 47g par personne et par jour dans les pays en voie de développement. Donc le déficit en viande est de plus de 50% par rapport aux normes requises.

Deux catégories de viande sont fortement consommées, la viande blanche (poulet, lapin etc.), la plus prisée, conseillée aux personnes âgées pour des raisons de digestibilité plus facile et d'incidence négative moindre sur la santé humaine, très fortement consommée dans les pays développés, puis la viande rouge (bœufs, vache, taureau, chevaux etc.) très largement consommée dans les pays en voie de développement.

Au Mali, l'élevage contribue aux revenus des populations rurales pour environ 80% dans les systèmes purement pastoraux, et 18% dans les systèmes agro-pastoraux. Il représente 11% du PIB et 20% des exportations (soit plus de 40 milliards de FCFA), plaçant l'élevage au troisième rang des exportations du Mali après l'or et le coton.

En 2004, les statistiques officielles donnent plus de 7 000 000 de bovins, plus de 8 000 000 de moutons, près de 12 000 000 de caprins, 200 000 chevaux, 700 000 Asins, près de 700 000 chameaux et près de **30 000 000 de volailles.**

Ce cheptel produit par an plus de 170 000 tonnes de viandes, 343 millions de litres de lait, **72 millions d'œufs**, 425 000 cuirs et 3100 000 peaux (toutes peaux confondues).
La pêche fournit plus de 100 000 tonnes de poissons chaque année et représente plus de 4,2% du PIB (90 milliards de FCFA).

Au Mali, depuis une vingtaine d'année, on note un développement de plus en plus accru de la production de poulets de chair ; ainsi, il n'est pas rare de trouver des bandes de **3000 voir 4000 poulets de chair** et les aviculteurs privés, se comptent par centaines dans la ceinture péri urbaine des grandes villes du pays. Ce livre est adressé à l'intention de ces nouveaux aviculteurs et de ceux qui veulent embrasser cette filière en Afrique subsaharienne et dans les pays tropicaux.
Cette étude technique vise à cerner tous les problèmes de gestion de l'aviculture telle que pratiquée au Mali.
L'aviculture, outre sa complexité technique, est un domaine d'activités qui, à l'instar de tout autre système de production, nécessite des investissements réguliers parfois très importants.
Rentabiliser ces investissements, minimiser les coûts de production, tout en répondant aux besoins d'une clientèle de plus en plus exigeante et variée constitue l'exercice quotidien auquel est confronté l'aviculteur moderne au sein de son exploitation. L'aviculteur doit donc mettre en place un système d'informations et d'analyse de son exploitation qui, à partir d'outils conçus à cet effet lui permettront d'apprécier à tout moment la santé financière de son entreprise ; une défaillance à ce niveau peut entraîner une réduction progressive de la marge bénéficiaire pouvant aboutir à l'extinction de cette

dernière consacrant à terme l'abandon des activités par son promoteur.

Dans un tel contexte, il devient impérieux pour lui de maîtriser l'ensemble des paramètres de production de son exploitation pour protéger et élargir sa marge bénéficiaire. L'objectif de ce document est d'appuyer l'aviculteur dans ce domaine très sensible, en mettant à sa disposition des outils d'élaboration très faciles de suivi interne de ses propres activités qui l'aideront à jeter les bases d'une véritable autopromotion.

C'est pour cela que nous l'avons voulu à la fois simple et pratique, tourné vers les réalités couramment vécues par l'entrepreneur avicole afin qu'il réponde au mieux à ses besoins.

Dr TRAORE Amadou Ousmane

TABLE DES MATIERES

Introduction

La mise en place d'une exploitation avicole est toujours motivée par des considérations socio-économiques dont l'augmentation des revenus du promoteur.

Dans une exploitation de production avicole, il est nécessaire de tenir des registres d'enregistrement et de comptabilité. Nous estimons que les grands élevages de volailles ont leur place chez nous ; et nous considérons que ce modeste ouvrage motive les opérateurs en état de les créer, le goût de le faire. Il ne s'agit pas ici de leur donner toutes les leçons qui leur sont nécessaires, pas plus que d'enseigner des méthodes immuables.

Le but recherché est de condenser dans le plus petit nombre de pages possibles les connaissances dans le domaine pastoral spécifique.

L'élevage villageois ou élevage traditionnel est largement pratiqué au Mali. Il concerne tant l'élevage de poules et de poulets que celui de pintades et, à moindre titre, celui des canards et des dindes. Ce type d'élevage rassemble des effectifs importants. Il se caractérise par un apport minime voire nul d'intrants (aliments, médicaments) et une faible productivité. **Les poulets traditionnels pèsent rarement 1,5 kg de poids carcasse même après trois mois d'âge, en aviculture moderne les poulets de chairs atteignent ce poids à 35 jours et finissent par faire 2,100 kg de poids entre 45 à 60 jours.**

L'élevage moderne de type intensif ou amélioré, bien qu'en expansion au Mali concerne des effectifs moindres. Ce sont surtout des élevages de poulets de chair et de poules pondeuses fréquemment situés en zone périurbaine dont les produits servent à l'approvisionnement des populations urbaines, des collectivités et de l'industrie hôtelière.

PREMIERE PARTIE :

ETUDE TECHNIQUE

A- Bâtiment en aviculture

<u>Conception du poulailler</u>

- Situation ou emplacement : Lors du choix du terrain où sera implanté le bâtiment, il faut tenir compte :
  - de la topographie,
  - de la direction des vents dominants,

Le bâtiment ne devant être ni encaissé, ni trop exposé aux intempéries, donc l'implanter sur un terrain plat.

Exemples :

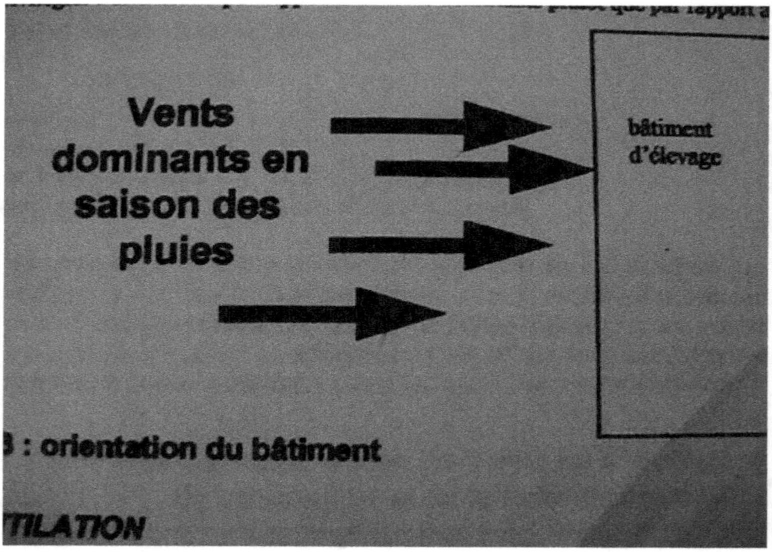

Poulailler implanté sur un terrain plat, ceinture péri urbaine de Bamako. *Photo source personnelle (10).*

Bâtiment implanté dans une vallée : dans ce cas, on constate une insuffisance de ventilation entraînant une température, une humidité et une production d'ammoniac excessive d'où des problèmes sanitaires et une croissance ralentie.

Bâtiment implanté sur une colline **:** dans ce cas, on constate une ventilation excessive côté vents dominants ayant pour conséquences des diarrhées et une litière souillée, des problèmes dans la maîtrise de la température.

- Construction du bâtiment :

Afin que la protection contre le soleil et les intempéries ainsi que la ventilation statique soit maximales, nous vous recommandions un bâtiment ouvert dans sa longueur mais dont la largeur fermée, est exposée aux vents dominants avec une toiture à double pente.

La pente de la toiture doit être importante pour permettre une bonne ventilation statique, le toit doit déborder de 1,4m par rapport au grillage pour permettre l'écoulement de l'eau loin du poulailler ; ne pas oublier la construction de drains sous ce débordement- et une bonne protection contre les intempéries. Un double toit avec un écartement minimum entre les deux toits de 20 cm fait fonction.
La hauteur maximale du muret est de 40 cm, des bâches sont fixées en haut du grillage afin de permettre de chauffer le bâtiment lors du démarrage d'une bande et de pratiquer une désinfection efficace.
Concernant la surface du poulailler il faut prévoir :

- 10 poulets de chair par m2 en finition

Photo source personnelle (10).

Remplissage du poulailler en finition
Photo source personnelle (10).

Concernant la *largeur du bâtiment*, elle ne devra pas excéder 12 mètres. Si deux poulaillers sont construits côte à côte, ils devront être éloignés d'au moins une fois et demie leur largeur.

Le *sol du poulailler* doit être surélevé par rapport à l'extérieur, si possible en béton.

Si l'éleveur préfère un sol en terre battue, il devra aménager différentes couches pour des raisons sanitaires-drainage du sol, obstacles à la remontée d'animaux :

De haut en bas : Terre battue puis grillage à petites mailles puis du sable ensuite grillage à petites mailles et gravier.

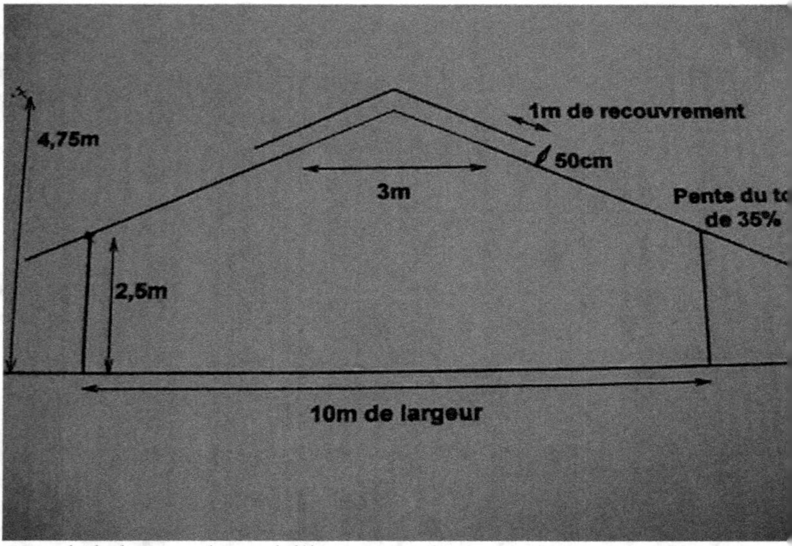

Vue de la largeur du poulailler, ne pas dépasser 12 m comme largeur d'un poulailler.

- **L'ambiance**

Il est nécessaire de rechercher la réalisation d'une ambiance optimale du bâtiment par rapport aux besoins des animaux afin que ceux-ci puissent valoriser leur potentiel génétique grâce à leur alimentation.
Quatre facteurs, en interrelation, interviennent dans la création » d'une ambiance : La température, l'hygrométrie, la vitesse de l'air et la litière
D'un point de vue pratique, un bon bâtiment c'est :
une surface adéquate, un volume, suffisant, un abri contre les intempéries c'est-à-dire le soleil, la pluie et une protection contre les prédateurs, un attrapage facile des volailles et un ramassage aisé des œufs et enfin, une désinfection facile.

Zone de confort thermique

La zone de confort thermique correspond à la zone de température corporelle pour laquelle une variation de la température ambiante n'entraîne pas de changement de production de chaleur par l'oiseau (chaleur due à l'ingestion et à l'utilisation des aliments ainsi qu'à l'activité physique). Les températures de confort thermique diminuent avec l'âge :

Age en semaines	3	4	5	6 et plus
Zone de confort thermique	27 à 30°C	23 à 27°C	20 à 25°C	17 à 23°C

Lorsque la température ambiante augmente, l'oiseau étant un homéotherme- c'est à dire que sa plage de température corporelle reste constante, de l'ordre de 40°C, quelque soit la température ambiante, il devra augmenter ses pertes de chaleur. Quand la température ambiante dépasse 30°C, on observe un déséquilibre entraînant un stress thermique et donc une chute de la productivité. Notons que l'oiseau se comporte très bien avec des amplitudes thermiques journalières de 5 à 6°C.

La température

Les besoins en température des animaux diminuant avec l'âge, il faudra concevoir un bâtiment pouvant être chauffé efficacement au démarrage d'une bande et étant suffisamment aéré pour que les animaux en phase d'élevage ne souffrent pas de la chaleur.

Les principaux risques thermiques sont :
- Si les animaux ont froid, ils ne bougent pas donc ne boivent et ne mangent pas. On aura des animaux faibles avec un indice de consommation élevé, sujets à diarrhée et boiteries. Les risques d'étouffement seront élevés.
- Si les animaux ont chaud, ils consomment beaucoup d'eau, risquent la déshydratation. Comme ils somnolent, ils mangent moins, leur emplumément est retardé, les risques de picage et de troubles rénaux sont élevés.

L'hygrométrie

L'humidité à l'intérieur du poulailler a une grande incidence sur les possibilités de refroidissement corporel des animaux. En effet quand ceux-ci ont chaud, ils commencent par augmenter leur ingestion d'eau, puis ils écartent leurs ailes et recherchent la fraîcheur du sol.

La ventilation

L'air doit circuler dans le bâtiment, à vitesse raisonnable, et au dessus de la zone de vie des animaux- les poules sont sensibles aux courants d'air pour 4 raisons :
- apporter l'oxygène nécessaire à la vie des animaux,
- évacuer les gaz provenant de la fermentation de la litière,
- éliminer les poussières,
- réguler l'ambiance du bâtiment au niveau de la température et de l'humidité.

La litière

La litière doit être constituée de matière absorbante et ne pas être poussiéreuse car la poussière irrite le système respiratoire des oiseaux contribuant ainsi au développement des maladies respiratoires. Les matières utilisées pour la confection des litières : copeaux de bois (avec peu de sciures), paille hachée, coques d'arachide, fragments de bagasses de canne à sucre, balles de riz, déchets de papier. La litière ne doit pas être trop épaisse mais suffisante (4 à 5 cm), ni humide, ni poussiéreuse.

Normes importantes à respecter en aviculture :

Matériel : pour un élevage de Poulets de chair

	Mangeoires	**Abreuvoirs**
1ère et 2ème semaine	1 mètre linéaire « 1er âge » ou un siphoïde de 1 litre pour 25 poussins	Siphoïde de 1litre pour 25 poussins
3ème à 6ème semaine	1 nourrisseur circulaire pour 50sujets ou 1mètre linéaire « 2ème âge » pour 30 sujets	Siphoïde de 10 litres pour 100 poulets

Mangeoires adultes importés
Photo source personnelle (10).

Abreuvoirs adultes importés
Photo source personnelle (10).

Température

Températures requises dans la zone de vie des oiseaux :

Age	**Poussins « chair »**
1ère semaine	33°C
2ème semaine	30°C
3ème semaine	28°C
4ème semaine	25°C

Densité d'élevage :

Age	effectif poulet de chair / m^2
1ère semaine	30 sujets / m^2
2ème à 4ème semaine	20 sujets / m^2
5ème semaine et plus	10 sujets / m^2

B – Animaux à élever : Souches de poulets de chair

- **Choix de la souche de poulet de chair**

L'aviculture moderne travaille avec des souches sélectionnées obtenues par des professionnels de la génétique aviaire. Ces souches ont de hautes performances, une croissance rapide ; sensibles aux stress et maladies, elles exigent une alimentation saine et équilibrée, une ambiance confortable.

Les races utilisées pour les souches chair dans le monde

La Corniche blanche variété blanche utilisée par les plus grands sélectionneurs de poulets de chairs blancs. Les poussins chair sont issus de cette souche.

La New Hampshire : originaire d'Amérique de plumage rouge acajou comme la Rhode Island, qui, elle est une souche apparue en Europe dans les années 60, mais un peu moins lourde.

L'Australop : originaire d'Australie, cette race de plumage noire, utilisée dans la production de poulets de chair industriel.
Au Mali c'est la souche blanche qui est élevée et consommée.

Souche blanche de poulet de chair
Photo source personnelle (10).

Conseils pour choisir une souche

Actuellement, certains accouveurs produisent des poussins chair d'un jour. On peut s'Adresser à ses accouveurs locaux ou à défaut, à des représentants de fournisseurs de souches afin d'obtenir des renseignements précis sur les performances techniques, les sensibilités aux maladies, la faculté d'adaptation, le prix et les délais de livraison.

C – Alimentation du poulet de chair

Age	*Période*	*Quantité consommée*
1 à 4 sem.	Démarrage	1.6 kilos et plus
5 à 6 sem.	Finition	3.4 kilos et plus
Total :		*5 kilos et plus*

Il faut donc 5 Tonnes d'aliment pour élever 1000 poulets de chair du démarrage à l'abattage soit sur deux mois d'élevage. La consommation peut atteindre 5,5 *tonnes d'aliment sur 60 jours* soit un investissement entre 1 100 000FCFA et 1 300 000FCFA. *Étant donné que l'intervention de l'alimentation dans les coûts de production de la volaille dépasse les 60 %, il convient de fournir aux animaux des aliments de qualité.*

En moyenne chaque poulet de chair consomme 5kg du démarrage à l'abattage sur les deux mois d'élevage.

But de l'alimentation : Couvrir les besoins d'entretien et de production des animaux en énergie, protéines, minéraux, vitamines de manière à optimaliser les niveaux de production au coût le plus bas possible.

L'éleveur peut soit acheter son aliment ou le fabriquer à la ferme. *Toutefois, il doit toujours avoir à l'esprit qu'il est plus avantageux de payer plus cher un aliment de qualité que de consacrer ses ressources financières à des spécialités pharmaceutiques pour aider les animaux à lutter contre des maladies qu'ils n'auraient peut être pas contractées s'ils avaient été bien nourris.*

Seau d'aliment volaille,
Photo source personnelle (10).

Croissance et normes de consommation chez le poulet de chair

Age en jours	Poids moyen en g	Consommation g par jour	Consommation g par semaine	Consommation cumulée g d'aliment	Indice de Consommation
1	50	20	140		
7	130	30	210	210	1,61
14	300	40	280	490	1,63
21	510	60	420	910	1,78
28	820	85	595	1505	1,83
35	1130	115	805	2310	2,04
42	1500	125	875	3185	2,12
49	1900	130	910	4095	2,15
56	2300	140	980	5075	2,20

Après des recherches sur plusieurs années et dans plusieurs poulaillers, nous vous proposons les formules alimentaires suivantes, correspondant aux étapes de l'élevage d'une bande de poulet de chair.

Besoins poulets de chair en trois phases			
	démarrage (1à 15 jours)	Croissance (15J à 30J)	FINITION (1mois à l'abattage)
EM kcal	3000	3150	3200
Protéines Brutes %	22,5	21,5	20
lysine %	1,3	1,2	1,15
méthionine %	0,75	0,7	0,65
calcium%	1	0,95	0,9
phosphore%	0,45	0,4	0,4
matières grasses	6	7	8
Cellulose%	4	5	6

BESOINS POULETS DE CHAIR en deux phases			
	démarrage 1à 4semaines	Croissance 4semaines à l'abattage	
EM kcal	3100	3100	
Protéines Brutes %	22	21	
lysine %	1,2	1	
méthionine %	0,5	0,5	
calcium%	1,2	1	
phosphore%	0,45	0,45	
Sodium%	0,3	0	

Autre exemple de formules pratiques

Ingrédients	Démarrage (0 à 4 semaines)	Croissance (5 à 8 semaines)
Maïs	600	580
Poissons	220	200
Son de blé	55	85
Coquille	20	30
Sel	5	5
Tourteau de coton	100	100
CMV 1 %	10	10
Total	1000 kg	1000 Kg

Ingrédients	Démarrage	Croissance
Maïs	580	600
Soja torréfié	80	120
Poissons	160	150
Son de blé	50	50
Coquille	25	25
SEL	5	5
Tourteau de coton	100	80
CMV 1 %	10	10
Total	1000 kg	1000 Kg

Ingrédients	Croissance	Finition
Maïs	580	650
Soja torréfié	80	150
Poissons	160	100
Son de blé	50	50
Coquille	25	35
Sel	5	5
Tourteau de coton	100	80
CMV 1 %	10	10
Total	1000 kg	1000 Kg

Formule démarrage de poulet de chair de 1 à 21 jours :

Ingrédients	Quantité en kg
Maïs	590
Tourteau de soja	70
Son de blé	50
Poisson	160
Carbonate de calcium	15
Phosphate bi calcique	20
CMV 1 %	10
TOTAL	1000 kg

Cette formule donne 20 % PB ; 2850 - 2900Kcal ; 0,76 % P ; 1% Ca.

Formule de croissance de poulet de chair (22 à 42 jours) :

Ingrédients	Quantité en kg
Maïs	620
Tourteau de soja	310
Son de blé	25
Carbonate de calcium	17
Phosphate bi calcique	18
CMV1 %	10
TOTAL	1000Kg

Cette formule donne 18,5 à 19 % PB ; 2850 - 2900Kcal ; 0,72 % P ; 1%Ca.

Formule finition pour poulets de chair : (43 à 60 Jours) :

Ingrédients	Quantité en kg
Maïs	630
Tourteau de soja	285
Son de blé	40
Carbonate de Ca	17
Phosphate bi calcique	18
CMV 1 %	10
TOTAL	1000Kg

Cette formule donne 18 % PB ; 2850 - 2900 Kcal ; 0,72 % P ; 1 % Ca.

D – Santé et prophylaxie aviaire

Prophylaxie
Désinfection - Vide sanitaire
La désinfection est une opération au résultat momentané permettant d'éliminer ou de tuer les micro-organismes et/ou d'inactiver les virus indésirables supportés par des milieux inertes contaminés. Elle doit débuter aussitôt après le départ des animaux pour avoir une efficacité optimale.

Le vide sanitaire permet de prolonger l'action du désinfectant et d'assécher le sol et le bâtiment. Sa durée minimale doit être de 15 jours.
Si la désinfection du bâtiment permet une diminution de la pression microbienne et une amélioration des performances, il faut préciser que 80% de l'efficacité provient d'un bon nettoyage.

Différentes étapes de la désinfection :
- Lorsque la litière est encore chaude, juste après la sortie des animaux : désinsectisation et désinfection (si présence de salmonellose).
- 48 heures après : application de raticide et de souricide.
Procédures de la désinfection :

- Démontage, nettoyage, désinfection du matériel d'élevage,
- Dépoussiérage du bâtiment au jet d'eau,
- Enlèvement de la litière,
- Nettoyage du sol,
- Épandage de chaux vive,
- Lavage du bâtiment,
- Première ou deuxième désinfection,
- Application de raticide et souricide,

On pratique ensuite le Vide sanitaire de 7 à 14 jours, puis on met en place les éléments pour un autre démarrage (mise en place d'une barrière sanitaire avec de la chaux vive appliquée autour du bâtiment, un pédiluve contenant de fortes doses de désinfectant, changées tous les jours).

Produits désinfectants :
Les produits les plus couramment utilisés pour la désinfection et la confection des solutions pour pédiluves sont les suivants : **grésil** : émulsion à 3 - 5% soit 0.3 - 0.5 litre pour 10 litres d'eau ;
Formol : solution à 10 %, soit 1 litre de formol pour 10 litres d'eau ; **eau de Javel** : 2 cuillérées à soupe pour 10 litres d'eau ; **chaux fraîchement éteinte** :
1 à 2 kg pour 10 litres d'eau.
Sulfate de cuivre : 0.5 kg pour 10 litres d'eau.

Mesures générales de prophylaxie sanitaire
Il existe de très nombreux vecteurs susceptibles de propager et d'introduire des germes pathogènes et/ou des parasites dans l'élevage. Certaines mesures permettent d'en limiter le risque.
*choisir un site éloigné d'autres bâtiments d'élevage ou d'élevages traditionnels.
* l'eau doit répondre aux normes de potabilité et l'aliment doit être préparé à partir de matières premières saines.
*ne pas utiliser des litières humides et dératiser régulièrement son lieu de stockage.
* veiller à la qualité sanitaire des animaux introduits.
* brûler les cadavres ou les enfouir avec de la chaux vive.
* mettre du grillage sur tous les orifices du bâtiment
*limiter les visites au strict minimum, installer un pédiluve et un sas à l'entrée du bâtiment (lavabo, blouses, bottes).

Le respect des règles d'hygiène et des normes d'élevage constitue une première mesure qui limite l'apparition et surtout la propagation des maladies. Par ailleurs, la mise en œuvre d'un programme prophylactique adéquat (vaccinations, traitements cliniques et déparasitages) et l'intervention rapide en cas de déclaration de maladie est indispensable pour assurer un niveau de production satisfaisant.

Pour certaines maladies (Newcastle par exemple), la vaccination est absolument indispensable car il n'existe pas de traitement efficace. Pour d'autres la vaccination et la chimio prévention ne sont pas toujours nécessaires car les traitements fournissent de bons résultats. *Un flacon de vaccin entamé ou simplement ouvert ne peut pas être conservé. Il doit être utilisé dans les 3 – 4 heures qui suivent. Il est donc conseillé d'assoiffer les animaux quelques heures avant les vaccinations dans l'eau de boisson.*

Le programme de prophylaxie ci-dessous est donné à titre indicatif, il convient de tenir compte de l'avis des vétérinaires par lesquels l'élevage est suivi afin d'ajouter ou de modifier des interventions en rapport avec la pathologie observée sur le terrain.

Proposition d'un programme de prophylaxie pour 1000 poulets

Age jour/semaines	Traitement	Produit à utiliser	Observations
1 à 4 jours	Anti-stress Réhydratation	Neoterramycine vitaminée	Eau de boisson 1g/l
14ème jour	Vaccination contre **Gumboro**	Bursavac, Bur 706 ou Gumboral	1000 doses de vaccin pour 0.5 litre d'eau stérile bue en 2 heures
21ème jour	Vaccination contre la **Newcastle**	Hitchner B1	1000 doses de vaccin pour 20 litres d'eau stérile bue en 2 heures
24 – 26ème jour	Fortifiant	Vitamines	Eau de boisson à raison de 2g/l d'eau
6ème semaine	Rappel **Gumboro**	Bursavac, Bur 706 ou Gumboral	Eau de boisson bue en 2 heures
7ème semaine pendant 5 jours	Anticoccidien	Sulfamide amprolium	Eau de boisson à raison de 1g/l d'eau

Eau de boisson traitée avec Neoterramycine vitaminée,
Photo source personnelle (10).

Pour les traitements à base d'anti infectieux, il faut toujours faire calculer la dose par le Docteur Vétérinaire.

Par exemple pour 1000 poulets de chair pesant 1Kg chacun, devant être traité par un antibiotique comme la Norfloxacine (la posologie donnée par le fabricant est de 10mg/kg de poids vif).

Il faut d'abord calculer le poids total de la bande soit 1000 sujets x1Kg = 1000Kg à traiter.
Pour chaque Kg de poids il faut prévoir 10 mg de Norfloxacine
Pour les 1000Kg il faudra :
10mgx1000kg soit 10 000 mg = 10g de Norfloxacine c'est-à-dire 10g de poudre à diluer dans l'eau de la journée. Par expérience nous conseillons de mettre la quantité d'antibiotique calculée dans la moitié de la consommation hydrique journalière.

E - Production et commercialisation

L'élevage du poulet de chair est une activité à cycle court, en effet toute la durée de l'élevage du démarrage à l'abattage se déroule en 60 jours. Après la commande des clients fournisseurs des restaurants et hôtels, les poulets sont abattus très tôt et conduit au marché pour plumage et pesage et vente effective aux poids. Le prix moyen de vente oscille entre 1500 et 1900FCFA le kg.

Abattage de poulets de chair à la ferme,
Photo source personnelle (10).

Déplumage poulet de chair au marché,
Photo source personnelle (10).

Photo source personnelle (10).

Photo source personnelle (10).

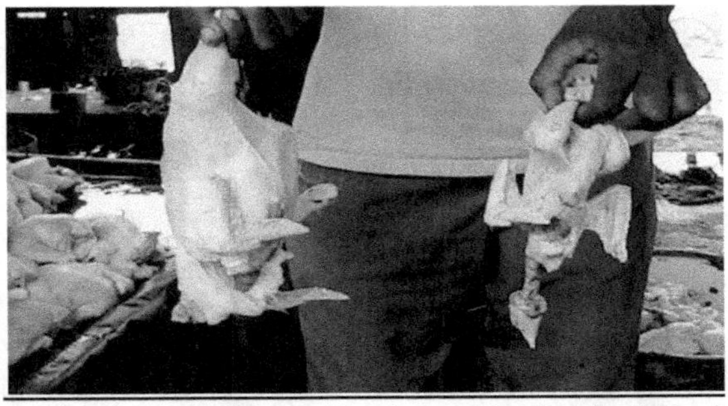

Gauche, poulet de chair de 60j ; Droite, poulet local adulte de 4 mois.
Photo source personnelle (10).

Gésiers de poulet de chair,
Photo source personnelle (10).

F - Conduite d'élevage avicole

Poulets de chair

Deux périodes sont généralement prises en considération :

- **le démarrage** de 0 à 21 jours,
  Divisé en deux phases ;
- **la croissance - finition** de 22 à 45 jours et plus.

Démarrage : de 0 au 14ème jour

* Réception des poussins : plusieurs jours avant la réception, les installations doivent être minutieusement nettoyées et désinfectées ; le matériel doit être mis en place la veille de la réception.

Démarrage de la bande de 1050 poussins chair le 16 Avril 2009 (Jour 1) ; *Photo source personnelle (10).*

Les poussins d'un jour pèsent entre 60 et 90g et finiront par peser 2,5 à 2,7 Kg en deux mois.

* Poussinière : il est possible de délimiter un espace réduit à l'intérieur du local d'élevage au moyen de parois légères

(carton ou contre- plaqué) de 50 à 60 cm de haut que l'on peut déplacer au fur et à mesure que les poussins grandissent.
* La litière : elle se compose de paille, copeaux de bois, coques d'arachide,...).
* Disposition du matériel d'élevage : les sources de chaleur sont généralement disposées au centre de l'espace disponible pour les poussins ; les mangeoires et les abreuvoirs sont placées à la périphérie.

Démarrage le 16 Avril 2009 ; évolution poussins le 23 Avril 09
Photo source personnelle (10).

A une semaine d'âge les poussins pèsent 130 à 160g.

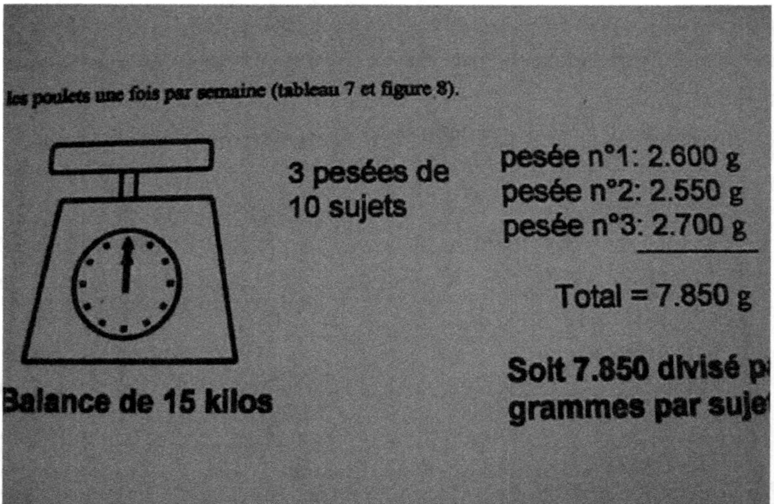

Figure 8 : pesée des volailles

* Alimentation : un aliment spécial de démarrage très énergétique et riche en protéines sera préparé et distribué à volonté.

* Consommation : 15 à 50 g d'aliment et 30 à 100ml d'eau par poussin et par jour.

Démarrage : du 15ème au 21ème jour

* Alimentation : la même provende est distribuée.

* Consommation : 60g d'aliment et 120 ml d'eau par sujet et par jour.

Photo source personnelle (10).

Démarrage de 16 Avril 2009, situation le 1er Mai 2009
Photo source personnelle (10).

A 15 jours d'âge les poussins pèsent entre 400 et 450 g

Croissance – finition : du 22ème au 45ème jour ou plus

* Distribution d'eau et de provende : les abreuvoirs et les mangeoires de 2ème âge sont placés entre le 23ème et le 25ème jour de la période d'élevage ou parfois même au 21ème jour pour les souches à croissance rapide.

Photo source personnelle (10).

Démarrage de 16 Avril 2009, situation le 10 Mai 2009

Poids moyen 800 g

Photo source personnelle (10).

Photo source personnelle (10).
Démarrage de 16 Avril 2009, situation le16 Mai,
1 mois d'âge : poids moyen 1Kg 200 g

Photo source personnelle (10).
Méthode des pesées de poulets de chair

* Alimentation : La provende de démarrage est remplacée par la provende de croissance qui est moins riche.

* Consommation : 90 g à 150 g de provende et 180 ml à 300 ml d'eau par poulet et par jour.

Photo source personnelle (10).

Photo source personnelle (10).
Démarrage le 16 Avril 2009, situation le 23 Mai,
26 jours d'âge : poids moyen 1Kg 600 g

Photo source personnelle (10).
Poulets finis le 30 Mai à 45 jours d'âge

Photo source personnelle (10).
Poulets finis le 30 Mai à 45 jours d'âge

Photo source personnelle (10).
À 45 jours d'âge

* Taux de mortalité : un taux acceptable se situe entre 4 et 5% et se repartit entre les deux phases d'élevage de la manière suivante : 3% au démarrage et 2% en croissance.

* Performances réalisées : les performances zootechniques dépendent à la fois de la souche utilisée et de qualité des provendes. Elles sont aussi influencées par les éléments du climat ;
Afin de vérifier les performances des volailles en cours de croissance, il est souhaitable de réaliser une pesée individuelle d'un petit nombre d'animaux (10 à 20 sujets choisis au hasard) toutes les semaines, en veillant à manipuler les sujets dans le calme.

Age poussins	Poids obtenu	Consommation cumulée aliment	Consommation eau
1 semaine	60g		
2 semaines	450g		
3 semaines	800g		
4 semaines	1000 g	1600Kg	
5 semaines	1400g		
6 semaines	1900g	3600Kg	
7 semaines	2100g		
8 semaines	2400g	5000Kg	

NB : 205 000 à 225000 FCFA en moyenne par tonne d'aliment.

Pour réussir le suivi d'une bande de poulet de chair nous vous proposons le tableau synthétique suivant :

Cahier de suivi de la bande de poulet de chair

Effectif démarrage					
Age en semaine	mortalité		aliment		Poids moyen
	Semaine	cumul	semaine	cumul	
1					
2					
3					
4					
5					
6					
7					
8					
Total					

$$\% \text{ mortalité} = \frac{\text{Total mortalité}}{\text{Nombre de poussins}}$$

$$\text{Quantité d'aliment par poulet} = \frac{\text{Total Aliment}}{\text{Nombre de poulet vendu}}$$

$$\text{Indice de consommation} = \frac{\text{Total Aliment}}{\text{Poids total de poulets vendus}}$$

Photo source personnelle (10).
Poulets finis à 60 jours avec un poids vif de 2,200 kg pour un poids carcasse de 1,700kg.

Abattage et commercialisation

Photo source personnelle (10).
Carcasse de poulets, viscères et pesage

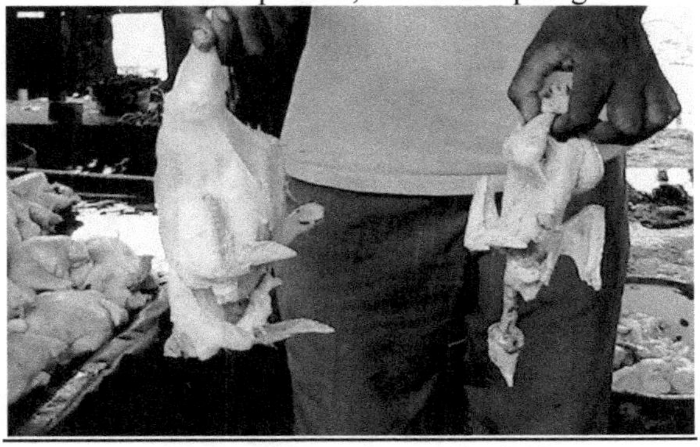

Photo source personnelle (10).
Comparaison de carcasse d'un poulet de chair de 2 mois (g)
Et d'un coq local de 4 mois (droite de l'observateur).

*Photo source personnelle (10).*Gésier de poulet de chair

DEUXIEME PARTIE :

ETUDE ECONOMIQUE

A- Code de gestion d'une exploitation avicole moderne

*Étude de marché

*Problèmes de gestion de l'aviculture

*Principes de base de la gestion d'une exploitation avicole

*Enregistrement des donnés en production avicole moderne

*Code de réussite en aviculture

Étude de marché : Importance du marché
Dans la filière avicole le marché constitue un des premiers éléments sur lequel les éleveurs doivent se baser pour produire. Pour une production de poussins, d'œufs ou de poulets de chair, il est indispensable de s'assurer des débouchés. Tout autre processus peut entraîner la mévente, des irrégularités dans l'offre des produits ou même l'arrêt de l'activité.

Les problèmes de gestion posés à l'aviculteur
Dans le contexte actuel de notre aviculture, nombre de promoteurs exploitants ne savent pas se poser les bonnes questions. Plusieurs parmi eux ne savent pas répondre aux questions fondamentales comme :
*Connaissez- vous bien votre capital ?
*Connaissez-vous bien votre fonds de roulement ?
*Considérez- vous les amortissements ?

*Avez-vous été au fond de tous les problèmes (santé, approvisionnements, investissements, commercialisation, planning de production etc.) pour trouver des solutions ?
*Essayez-vous d'améliorer vos talents et performances ?
*Avez-vous des informations régulières sur le marché, sur l'évolution du marché avicole de façon générale ?
Les décisions peuvent se prendre en suivant la méthodologie suivante :

- Localiser les points faibles (problèmes),
- Suivre l'objectif à atteindre (but),
- Lister les moyens disponibles ou à chercher (les ressources),
- Chercher plusieurs solutions (alternatives),
- Étudier chaque solution (conséquences),
- Comparer les résultats obtenus (évaluations),
- Opter pour le moyen le plus adapté au cas présent (décision),
- Mettre la décision en application (action).

Principes de base de la gestion d'une exploitation avicole

Augmenter son profit et avoir une entreprise saine et prospérer nécessitent le respect des principes suivants :

- *Bien connaître l'environnement du site de l'exploitation avicole.*

  Les connaissances du promoteur sur le site doivent porter sur : la structure du sol qui ne doit pas être humide, le climat dont les températures, les vents, les pluies ; la densité avicole du secteur, la situation sanitaire en rapport avec la connaissance de service et de laboratoire vétérinaires de la localité.

- *Disposer d'une main d'œuvre efficace*

  Le bon aviculteur prévient plus qu'il ne guérit. Il convient de respecter scrupuleusement certaines règles dont :- choisir une main d'œuvre qualifiée ayant si possible reçue une formation préalable respectant les règles d'hygiène, d'alimentation et d'abreuvement.

  Prévoir un ouvrier pour **2000 à 2500 volailles** dans une exploitation non mécanisée et avec des vêtements spéciaux internes.

  Avant d'investir dans un nouvel équipement d'économie de travail, il faut s'assurer que l'investissement à faire sera plus avantageux que le travail économisé.

  On prendra en compte :

  Les exigences du capital : intérêts, dépréciation, taxes. La qualité et la valeur du travail à économiser, l'effet de l'investissement sur la production.

- *Connaître certains paramètres*

  Ces paramètres sont importants et sont des calculs quotidiens pour éviter les compromis financiers. On distingue :

a) Le Taux de mortalité : $\frac{\text{Nombre de sujets morts et triés x 100}}{\text{Nombre de sujets logés}}$

b) La consommation d'aliment par sujet et par jour :

$$\frac{\text{Consommation totale d'aliment}}{\text{Nombre moyen de poules x nombre de jour}}$$

c) Pourcentage de viabilité des volailles :

$$\frac{\text{Nombre de volailles en fin de mois x100}}{\text{Nombre de volailles en début de mois}}$$

- *Vendre au meilleur prix*
  Les producteurs ne peuvent pas grande chose sur les cours des produits. Ceux qui tirent le meilleur profit de leur affaire sont ceux qui arrivent à vendre directement et au comptant.
- *En cas de besoin augmenter la capacité de production*
  Les bandes importantes se révèlent plus rentables ; là le profit net par pondeuse est plus important ; lorsque l'on achète beaucoup on paie peu (poussins, vaccins…)
  Dans tous les cas pour tout investissement nouveau, il est bon de rester prudent et réaliste.
- *Augmenter la production par poule ou par poulet*
  Qu'il s'agisse de production d'œufs de consommation ou de poulets de chair, il faut disposer de souches génétiquement et sanitairement convenables pour répondre aux attentes du promoteur à savoir plus d'œufs et plus de chair. Ce sont les œufs et le poids supplémentaires qui représentent le profit.
- *Rentabiliser au maximum les investissements*
  En aviculture il est indispensable d'obtenir une bonne rentabilité de son actif net :
  Actif net = Total de l'actif (terrain, bâtiments, équipements, stocks, réalisation et disponible) – total des dettes ;
  20% de bénéfice avant les impôts doit être un objectif minimum à atteindre.

L'éleveur doit se rappeler que les bénéfices sont un revenu à part de sa rémunération fixée pour son travail et son temps utilisé sur l'activité.
L'accroissement du revenu net peut diminuer l'actif net.
Dans le meilleur des cas l'éleveur doit éviter le poids des dettes. La charge de la dette est définie par la somme qui doit être remboursée chaque année. Celle- ci comprend à la fois le montant total à rembourser sur le capital emprunté et les intérêts.
En cas de prêt il faut utiliser efficacement le crédit. Emprunter de l'argent et l'utiliser avec sagesse est essentiel si l'aviculteur veut prospérer. Il ne devra pas dépasser la charge de dette qu'il pourra raisonnablement supporter. Il ne devra en aucun cas s'endetter s'il est nouveau et inexpérimenté dans le métier.
Dans tous les cas il est indispensable d'avoir un plan précis de remboursement assez large de façon à ne pas se mettre dans une position de dette trop étroite.
Une chute de production ou de cours des produits peut affecter de façon désastreuse le plan de remboursement.
Il faut privilégier les ventes de produits au comptant si celles-ci sont intéressantes.
Il faut éviter les risques liés aux taux d'intérêts souvent assez élevés et le manque de respect des délais.

Bien tenir les registres d'enregistrement et financier

Ces instruments sont indispensables pour pouvoir discuter avec les organismes de financement. Les registres de résultats d'élevage tiennent lieu de base pour les registres financiers et permettent de juger des performances du cheptel et des améliorations à apporter. Ils permettent d'établir le budget pour déterminer les besoins de trésorerie et ce que seront les bénéfices.

*Connaître le processus de calcul du prix de revient des produits

(Œufs de consommation, poulets de chair, poussins)

*Amortissement de la poulette : C'est la différence entre le prix d'achat de la poulette à 20 semaines et le prix de vente de la poule de reforme.

*Amortissement des installations : L'investissement doit être reparti à raison de 1/3 pour le bâtiment et 2/3 pour le petit matériel. La durée de l'amortissement est de 10 ans pour les bâtiments en banco et de 25 ans pour les bâtiments en dur. 5 à 7 ans pour le petit matériel.

*Frais financiers sur investissement 80% = emprunt, 20% apport personnel, taux d'intérêt 13 à 14%, Durée = 10 ans remboursement constant.

*Frais divers : comprennent : Assurances, entretien et petites réparations, désinfection, électricité, eau.

*Les charges d'alimentation : le calcul est fait avec les prix moyens de l'année ;

*Main d'œuvre : Elle doit prendre en compte la main d'œuvre occasionnelle et la main d'œuvre permanente.

*Frais vétérinaires : ils comprennent les vaccins, vitamines, les antibiotiques…

*Frais de gestion : comprennent les frais de comptabilité, le téléphone ou fax, la vidange des fientes, le transport.

Bien maîtriser techniquement son exploitation

La gestion technique des exploitations doit reposer sur l'analyse des paramètres ci-après :

*La mortalité : elle ne doit pas dépasser 5% pour le poulet de chair, 1% par mois pour les poules pondeuses.

A coté de ces paramètres couramment utilisés, il existe d'autres que l'éleveur doit suivre de près : la consommation d'aliment

L'enregistrement des données en production de poulets de chair

L'enregistrement dans la production avicole est le relevé des travaux d'élevage à faire régulièrement dans le cadre du respect des normes de production.

Tableau d'enregistrement du poulet de chair

Semaine	Effectif au début de la semaine…… Numéro………			
Jour	Date	Aliment (Kg) Total =	Mortalité	Calculs à faire
				Poids vif à la fin de la semaine
				Effectif à la fin de la semaine …
				Croissance /J/ Sujet
				Aliment /J/ Sujet
				Indice de consommation
				Aliment /Sujet (cumulé)
				Indice de consommation cumulé
				Mortalité (cumulée)
Total de la semaine				
Cumul Antérieur				
Cumulé				
Remarques				

Résultats financiers

	Rubriques	Montant	Total
Total antérieur			
Dépenses = charges	Aliments Bâtiment Achat poussins		
Recettes = ventes	Poulets de chair vendus		
Bilan = R – V			

Liste des prescriptions impératives pour la réussite de l'entreprise avicole

Pour réussir son entreprise avicole il faut mettre tous les atouts de son coté et ne rien laisser au hasard. Pour cette raison, il faut tenir compte de la liste chronologique ci-après :

*La recherche préalable des débouchés

*Choix des meilleures souches de poussins et d'un plan de lutte contre les maladies

*Recours systématique au vétérinaire pour toute affection

*Respect scrupuleux des normes de densité

*Respect des normes de longueur des mangeoires et de la capacité des abreuvoirs

*Choix d'aliment de qualité

*Modification progressive de l'alimentation (Transition alimentaire)

*Lutte contre le gaspillage qui coûte

*Renouvellement journalier de l'eau de boisson

*Nettoyage et désinfection régulière des bâtiments d'élevage

* Dératisation et désinsectisation dès la première alerte

* Surveillance continue de la litière permanente

*Vérification de la température surtout des jeunes sous éleveuse plusieurs fois par jour
*Mise au point d'un planning de production (achats en fonction des ventes)
* Limitation des recours aux intermédiaires
*Coopération avec d'autres producteurs pour mieux vendre

Tout ce qui est à prévoir pour installer une exploitation

Capital d'installation
Frais de construction des locaux.................
Achat de matériel.......................................
Fonds de roulement : est la marge de sécurité qui permet à l'entreprise de ne pas être à court de trésorerie.
Achat des poussins.......................................
Achat d'aliments..
Éclairage et combustible...............................
Achat de produits pour les soins et vaccins..............
Main d'œuvre...
Le plan type d'un compte d'exploitation avicole est le suivant :

Postes de dépenses pour une bande de poulets de chair

Toutes ces dépenses sont des sorties, ce sont des charges.

- *Charges variables :*
  - achats animaux
  - achats d'aliments
  - désinfection et prophylaxie
  - chauffage, électricité et eau
  - main d'œuvre
  - frais de commercialisation
  - frais financiers imputables au fond de roulement

- *Charges fixes*
  - amortissement ou remboursement des prêts à long terme,
  - entretien et réparations,
  - frais de gestion et divers.

Recettes d'une bande de poulet de chair et marges bénéficiaires

Les recettes ou entrées, sont les sommes obtenues après la vente des poulets finis, on l'appelle le produit.

La marge brute est la différence entre le produit de la vente et les principales charges variables (achat des animaux, coût alimentaire et coût des traitements).

Le bénéfice est la différence entre le produit de la vente et le total des charges fixes et variables.

B- Étude économique pratique d'une bande de 1000 poulets de chair

Tableau de financement d'une bande de 1000 poulets de chair

Bâtiment : Prendre en moyenne 30000FCFA par mètre carré soit 100 mètres carrés pour 3 000 000FCFA

Désignation	quantité	Prix unitaire	Montant FCFA
Poussins	1000	681	681 p
Total 1			681 p
Aliment			
Démarrage	1,6Kg x1000	200	320 p
Croissance- finition	2,7 Kg x1000	250	675 p
Total 2	4,3Kg		995 p
Produits vétérinaires			
Vaccins			
Pestos	2	1300	2,600p
Bioral H120	2	1300	2,600p
Bur706	3	3750	11,250p
Sotasec	1	1300	1,300p
Total vaccins			17,750 p
Chimiothérapie			
Antibiotique	40Fx1000		40, 000p
Anticoccidien	20Fx1000		20, 000p
Total antibio	Forfait pour 1000		60,000p
Total 3			77, 750p
Main d'œuvre			
Gardien	1	50000	50, 000p
Basse-courier	1	15000	15,000p
vétérinaire	1	100 000	100,00p
Total 4			165 p
Matériel d'élevage			
Radiant	1	38000	38,000p
Mangeoires	20	1500	30,000p
Abreuvoirs	20	1875	37,500p
Plastic noir	50 m	25000	25,000p

Thermomètre Peson Comptes gouttes Lampes tempêtes Fûts de 200litres Seaux de 10litres Pulvérisateurs de 1 l Bouteilles de gaz Total 5	2 1 1 10 1 2 1 3	3000 15000 500 1500 10000 1500 1700 3500	6,000p 15,000p 0,500p 15,000p 10,000p 3,000p 1,700p 11,500p 192, 700p
Litière Pétrole pour lampes Transport aliments Total 6	50 sacs de copeaux Litres Forfait	200 15000	10,000p 15,000 p 20,000 p 45, 000 p
Total dépense 1 + 2 + 3 + 4 + 5 + 6			2 264, 700p

N.B. p = 1000 FCFA

Le coût de revient d'un poulet de chair finis est donc : 2164FCFA

RECETTES : Vente des poulets de chair

Effectifs de départ : 1000 poussins + 2 % offerts soit 1020 poussins
Taux de mortalité estimé à 5 % soit 51 poules mortes
Le nombre de poulets arrivés à terme = 1020 - 51 = 969 poulets de chair pesant en moyenne 2, 2 Kg de poids vifs.
Le poids moyen obtenu après abattage des poulets de 60 jours d'âge est de 1,7 kg

Prix de vente par Kg : 1800 FCFA soit 2700 FCFA par poulet
700 x 1600FCFA x 1,7 = 1 904 p
269 x 1800 FCFA x 1,7 = 823, 140 p
TOTAL RECETTE = 2 727, 140 p

N.B. : p= 1000FCFA

RECETTES - DEPENSES (hors prix bâtiment) =

2 72 140– 2 264 700 = 462 440 de bénéfices bruts soit : Quatre cent Soixante Deux mille Quatre cent Quarante FCFA de bénéfices sur le 1er exercice de 1000 poulets de chair.

En moyenne nous conseillons de projeter 400 à 500 000 FCFA de bénéfices pour une bande de 1000 poulets de chair bien conduite.

Photo source personnelle (10).

Carcasses poulets finis, Photo source personnelle (10).

Carcasses poulets finis, Photo source personnelle (10).

Conclusion

Ce livre est élaboré comme un guide pratique pour ceux qui souhaitent se lancer dans cette activité spécialisée.
L'élevage du poulet de chair se passe sur une courte période ; en deux mois on obtient malgré nos conditions difficiles, un peu plus de 2Kg de poids vifs.
Devenir un aviculteur, nécessite mure réflexion et engagement total. Il faut donc à tout prix se confier à un spécialiste vétérinaire et suivre à la lettre ses conseils en responsabilisant sur les résultats concrets. On ne peut réussir dans l'aviculture moderne sur une longue durée sans un vétérinaire spécialiste.
Par ailleurs n'agrandissez pas votre exploitation si vous n'êtes pas tout à fait certain de pouvoir obtenir par poulet élevé un poids carcasse moyen de 1,8 Kg. Le cycle de production étant court, il faut toujours commencer à chercher les clients dès le démarrage de la bande.
L'organisation du propriétaire, la gestion effective des différents volets de l'exploitation, la bonne tenue de l'exploitation et le suivi quotidien, restent donc les clefs de la réussite en aviculture moderne.

BIBLIOGRAPHIE

1- Dr Boubacar NIARE, Dr TRAORE Amadou Documents de formation des aviculteurs / PDAM. 2000.

2- Cours de pathologie aviaire :
École Nationale Vétérinaire de MAISONS ALFORT. 1992-1993.

3 - DUVAL J, SOUSSY J. C. ANTIBIOTHERAPTHIE
ED. MASSON ABREGES 1985, 180 pages.

4- Dictionnaire des médicaments vétérinaires 1997 éditions du point vétérinaire. 1548 pages.

5- Dr TRAORE Amadou
L'élevage dans la société peuhle du Macina / Mali / 1995, 215 pages.

6 - BENOIST (de) J. R. : Le Mali
ED. L'HARMATTAN, PARIS, 1989, 265p.

7- LHOSTE P., DOLLE V., ROUSSEAU J., SOLTNER D. : Zootechnie des régions chaudes : les systèmes d'élevage. (CIRAD) / I.E.M.V.T.- côte n°22057, Maisons-Alfort, 1993, 8p.

8- DR Mohamadoun BATHILY MANUEL D'AVICULTURE élevage de la poule, 55p, ed Imprim color, Bamako.

9 - FAO document sur les normes de consommation en viande.

10 - Dr TRAORE Amadou,
Document personnel sur l'aviculture au Mali.

L'HARMATTAN, ITALIA
Via Degli Artisti 15 ; 10124 Torino

L'HARMATTAN HONGRIE
Könyvesbolt ; Kossuth L. u. 14-16
1053 Budapest

L'HARMATTAN BURKINA FASO
Rue 15.167 Route du Pô Patte d'oie
12 BP 226 Ouagadougou 12
(00226) 76 59 79 86

ESPACE L'HARMATTAN KINSHASA
Faculté des Sciences Sociales,
Politiques et Administratives
BP243, KIN XI ; Université de Kinshasa

L'HARMATTAN GUINÉE
Almamya Rue KA 028 en face du restaurant le cèdre
OKB agency BP 3470 Conakry
(00224) 60 20 85 08
harmattanguinee@yahoo.fr

L'HARMATTAN CÔTE D'IVOIRE
M. Etien N'dah Ahmon
Résidence Karl / cité des arts
Abidjan-Cocody 03 BP 1588 Abidjan 03
(00225) 05 77 87 31

L'HARMATTAN MAURITANIE
Espace El Kettab du livre francophone
N° 472 avenue Palais des Congrès
BP 316 Nouakchott
(00222) 63 25 980

L'HARMATTAN CAMEROUN
Immeuble Olympia face à la Camair
BP 11486 Yaoundé
(237) 458.67.00/976.61.66
harmattancam@yahoo.fr

L'HARMATTAN SÉNÉGAL
« Villa Rose », rue de Diourbel X G, Point E
BP 45034 Dakar FANN
(00221) 33 825 98 58 / 77 242 25 08
senharmattan@gmail.com

L'HARMATTAN MALI
Rue de Leipzig, face au Palais de la culture,
Porte 203, Badalabougou, Bamako
00 223 20 22 57 24 / 00 223 76 37 80 82
pp.harmattan@gmail.com

633485 - Décembre 2015
Achevé d'imprimer par

1livre.com
du rêve à la réalité !

www.ingramcontent.com/pod-product-compliance
Lightning Source LLC
LaVergne TN
LVHW051632071026
849535LV00009BA/3549
9782296130531